高鐵出發了

曹慧思　董光磊　文

王莉莉　圖

商務印書館

本書由北京科學技術出版社授權
商務印書館編輯部重新編輯及補充繪圖出版。

致　謝

感謝中國鐵道科學研究院首席研究員黃強老師、中國鐵道科學研究院副研究員曹宏發老師、北京交通大學電氣工程學院副教授劉彪老師，給予原創科學繪本的大力支持，為本書提出專業指導意見。

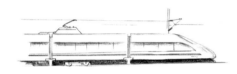

作者簡介

三名相識於清華園的同學因為對高鐵的濃厚興趣，集各自專業之所長創作出這本中國高鐵科學繪本：

曹慧思　清華大學教育學碩士，資深童書編輯，專注於國內外優秀繪本研究。

董光磊　清華大學工學碩士，中國鐵道科學研究院機車車輛研究所動車組技術研發人員。

王莉莉　清華大學美術學院藝術學碩士，自由插畫師。

高鐵出發了

作　　者：曹慧思　董光磊
繪　　圖：王莉莉
責任編輯：鄒淑樺
書籍設計：趙穎珊
出　　版：商務印書館 (香港) 有限公司
　　　　　香港筲箕灣耀興道 3 號東滙廣場 8 樓
　　　　　http://www.commercialpress.com.hk
發　　行：香港聯合書刊物流有限公司
　　　　　香港新界大埔汀麗路 36 號中華商務印刷大廈 3 字樓
印　　刷：中華商務彩色印刷有限公司
　　　　　香港新界大埔汀麗路 36 號中華商務印刷大廈
版　　次：2018 年 7 月第 1 版第 1 次印刷
　　　　　© 2018 商務印書館 (香港) 有限公司
　　　　　ISBN 978 962 07 6610 7
　　　　　Printed in Hong Kong

寫給喜愛高鐵的孩子

小朋友，如果你打開了這本書，那麼我相信你一定是個非常喜愛高鐵、對世界充滿好奇和求知欲的孩子。非常高興能夠以這種方式和你「見面」。以前人們寫信時經常喜歡説「見字如面」，意思是看到信上的字就像和寫字的人見面一樣，我想我們這樣也算是一種「見字如面」吧。

我是一名鐵路工作者，當然，我也是一個非常喜歡高鐵的人，這一點和你一樣。我們中國的高鐵是如此安全、快捷和舒適，相信見過和乘坐過高鐵的人都非常喜歡它。可是，先進的高鐵並不像孫悟空一樣是從石頭縫裏「蹦」出來的，中國的高鐵從無到有，構建起完備和成熟的技術體系，成為國際高鐵技術的引領者，千千萬萬的科學家和工程師都為之付出了艱辛的勞動，傾注了無數的心血，解決了一個又一個的技術難題，攻克了一個又一個的技術難關。軌道的生產、鋪設、精調、探傷……車輛的設計、焊接、檢修……每一個細節都不能馬虎，這樣才能保證高鐵的安全性、快捷性、舒適性「一個都不能少」。

親愛的孩子，我希望你能更多地了解中國高鐵，將高鐵的故事與爸爸媽媽分享，與小伙伴分享，也與外國的小朋友分享。未來，也非常歡迎你能夠成為「高鐵人」，希望新一代的「高鐵人」把我們中國的高鐵設計和建設得更加先進！

中國鐵道科學研究院首席研究員

「香港 ⟶ 北京」，
　一場高鐵知識的旅行

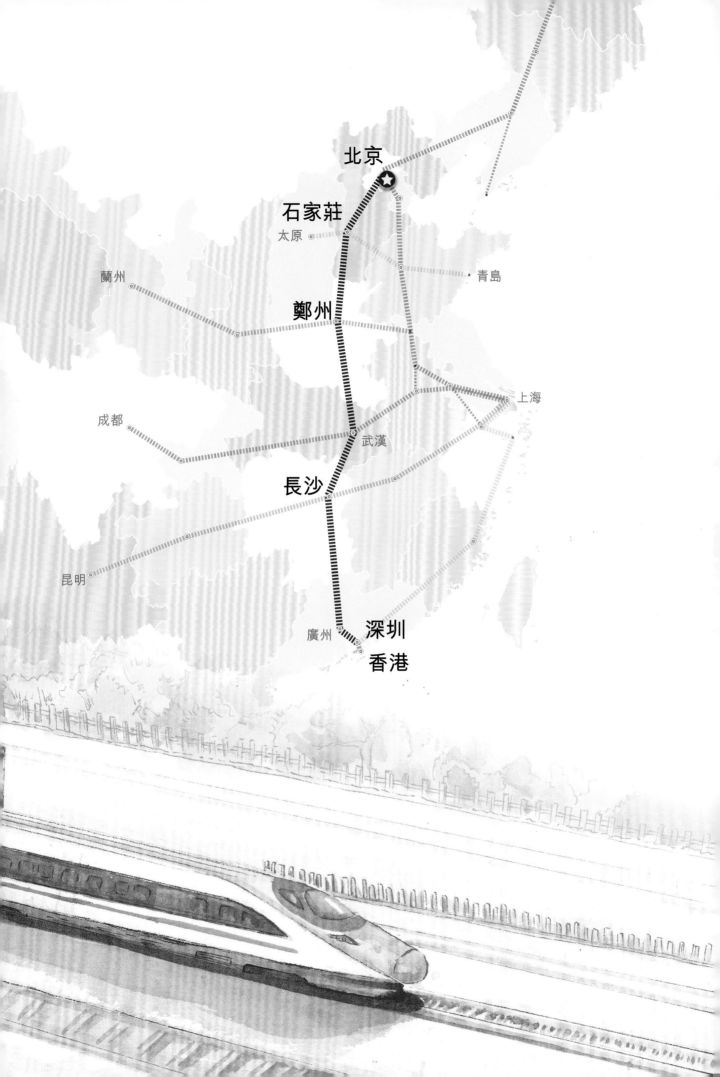

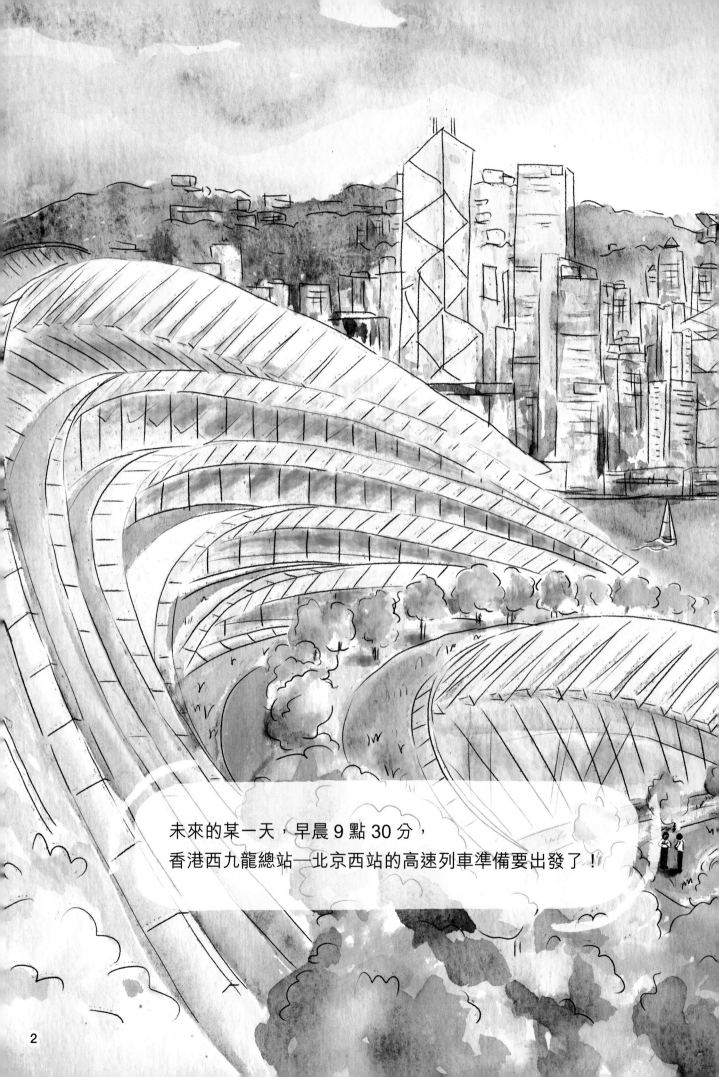

未來的某一天，早晨 9 點 30 分，
香港西九龍總站—北京西站的高速列車準備要出發了！

乘客背着背包，提着箱子，
行走在整潔的站台上，準備上車。

16

4

站台

高速鐵路與普通鐵路的站台是不一樣的！
普通鐵路的站台面因為建造的年代、地點不同等原因，
高度往往是不同的。為了適應這種不同，客車的上下站
台的門口需要加設登車梯（踏板），以便乘客上下車。
高速鐵路在設計時就將各個車站的站台面高度統一了，
並且站台面與車廂地板平齊，這樣上下車就方便多啦，
也安全多啦！

普通鐵路登車梯

哇，到深圳了！
列車剛剛通過了隧道，
乘客可以透過窗戶好好欣賞外面的景色。

隧道口

列車從開闊的地方進入隧道的時候，
它周圍的空氣會突然受到擠壓，
乘客會因此感到耳膜痛。
因此，高速鐵路的隧道口都設計成喇叭形，
以減輕空氣擠壓造成的影響。
高速列車也採取了壓力保護措施，
乘客幾乎感覺不到耳膜痛。

高速鐵路的
喇叭形隧道口

普通鐵路的
橢圓形隧道口

列車進入湖南，下一站將要到達的是長沙南站。
不巧，天色漸漸暗下來，列車遇上了狂風暴雨。
司機接到指令，把車速從 300 千米 / 小時降到了 100 千米 / 小時。
很遺憾，列車將晚點到達長沙南站。
可是，保障安全更重要啊！

災害性天氣

大風可能會造成列車脫軌，
暴雨可能會使高速鐵路沿線出現泥石流而沖毀鐵路。
因此遇到災害性天氣的時候，
高速列車都會降低速度或者停止運行，
以保證乘客和列車的安全，
所以有時候我們會遇到高鐵晚點的情況。

橫向風

離開長沙南站，列車繼續向北京前進。

它與幾個「小伙伴」相遇了——

有普通快速列車，有特快列車，當然也有其他的高速列車啦。

有時候，一輛列車會暫時停在某個路段，

等待指令，準備再次出發。

鐵路軌道上雖然車來車往，卻總是井然有序。

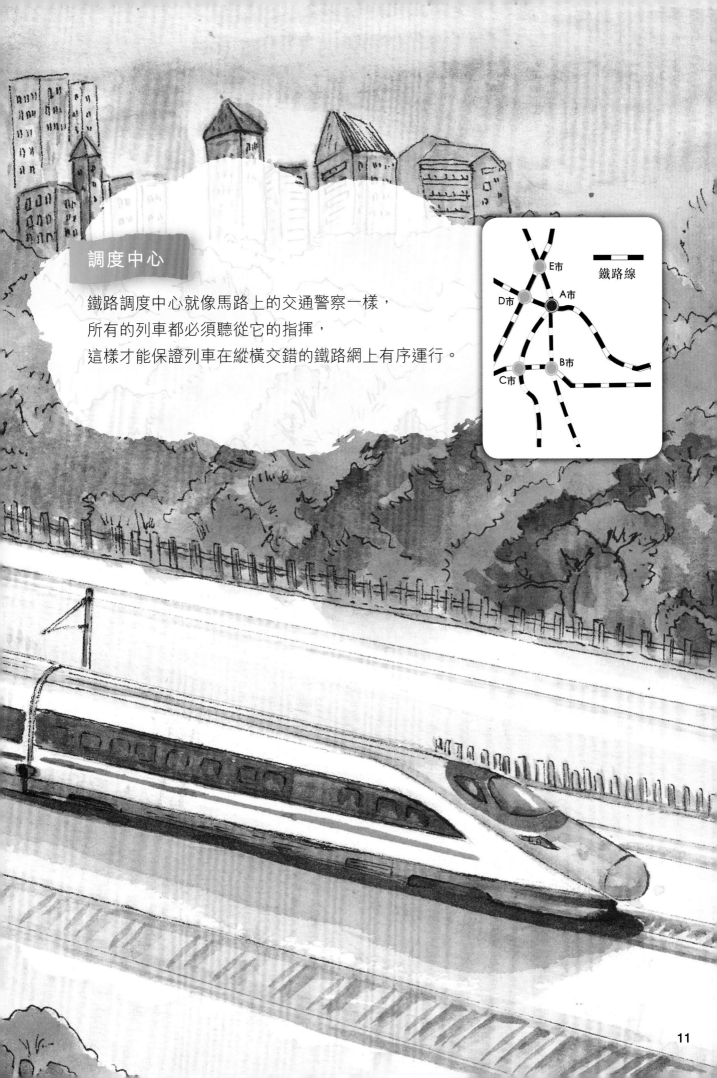

調度中心

鐵路調度中心就像馬路上的交通警察一樣，
所有的列車都必須聽從它的指揮，
這樣才能保證列車在縱橫交錯的鐵路網上有序運行。

E市

D市

A市

鐵路線

C市

B市

這個緊張、忙碌而有序的地方就是鐵路調度中心啦！

鐵路調度中心可是整個鐵路運輸系統的「大管家」，它要負責鐵路系統的運輸計劃、時間安排以及車輛分配等工作。

調度中心有好多屏幕啊，看起來好酷！這些屏幕可不是用來看動畫或者玩遊戲的，它們都擔負重任。

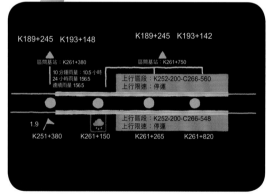

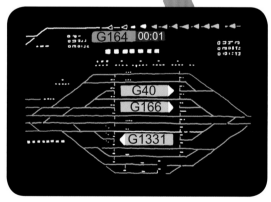

這塊屏幕顯示的是調度中心收到的「防災安全監控」信息，有一個鐵路區段正在下大雨，調度中心根據這個情況向列車發出了「停運」的指令。

這塊屏幕顯示的是線路的使用情況。調度員要根據屏幕上顯示的信息隨時調整行車計劃。

我們這趟高鐵在到達長沙南站之前減速運行，也是因為收到了調度中心發出的指令。

由於鐵路運輸任務非常繁重，調度中心的叔叔阿姨工作時真是一刻都不敢放鬆。他們不僅要同時監控好幾塊電腦屏幕，還要不停地寫調度計劃，下達指令和通知，這可真是要有「三頭六臂」才行啊。他們真是太厲害了！

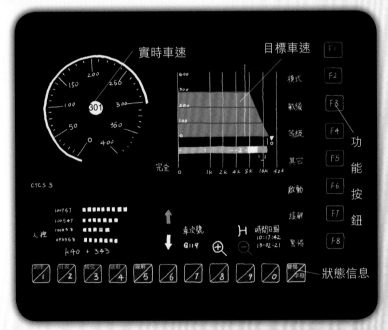

調度中心發布的指令會通過車載信號系統發送給高速列車司機。上面這個就是高速列車司機室中的車載信號屏幕。車載信號屏幕可以顯示許多信息。高速列車上還有一個很有趣的功能叫作「警惕」，司機室裏有一個「按鈕」，司機隔一段時間就要踩一下或者按一下。如果司機在規定時間內沒有執行這項操作，系統就會認為司機在睡覺，這時車載信號系統就會發出警報！

由於高速列車運行速度太快了，司機幾乎不可能也根本來不及用肉眼辨識軌道上的信號燈，非常容易發生危險，列車上安裝的車載信號系統可以讓司機在車上就看到信號燈的信號。高速列車的車載信號系統在接收到「停」「減速」「開」「加速」等指令後，也可以自動控制列車，這樣更智能、更安全。

午後，
列車行駛至鄭州黃河公鐵兩用橋，
正在跨越我們壯麗的「母親河」。
列車去哪兒了？
別擔心，它藏在橋身下層裏呢。

線路上的大橋

為了節省空間和成本，
與普通鐵路一樣，高速鐵路經過河流的橋樑
經常採用鐵路和公路合用一座橋樑的形式，
即「公鐵兩用橋」。為了盡量保證線路的平直，
許多沒有跨越河流的地方也採用了
「以橋代路」的方式建造。

公鐵兩用橋

列車到達了：保定東站。

這裏距離西九龍站已近 2000 千米。

同樣的路程，普通快速列車卻要行駛 20 小時。

高速列車的速度真快呀！

流線型的車頭與平滑的車體可以有效減小空氣阻力，

讓列車快速奔跑！

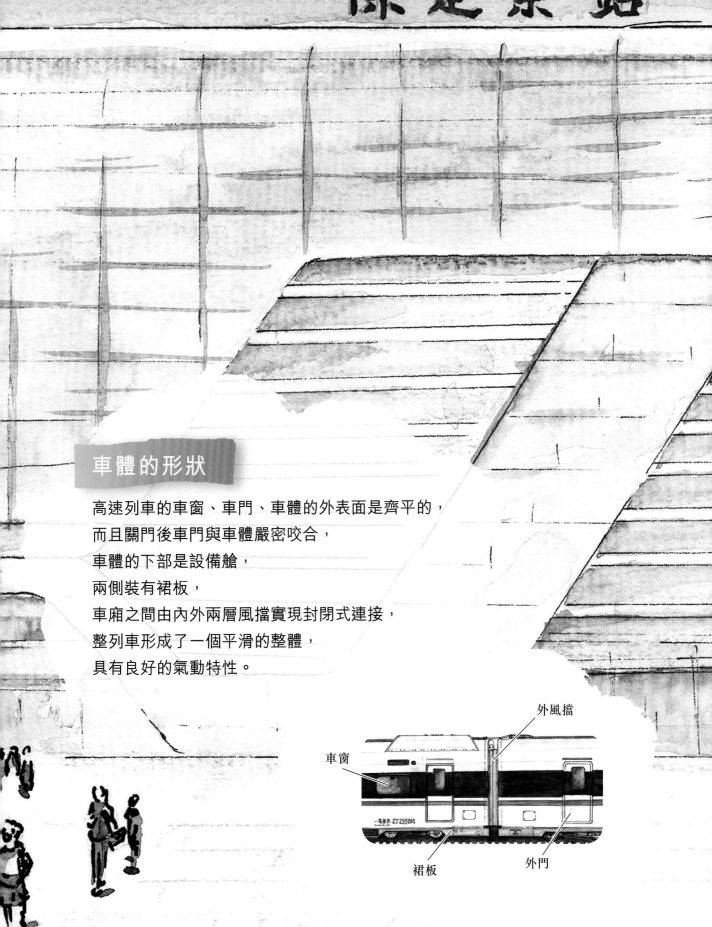

保定东站

車體的形狀

高速列車的車窗、車門、車體的外表面是齊平的，
而且關門後車門與車體嚴密咬合，
車體的下部是設備艙，
兩側裝有裙板，
車廂之間由內外兩層風擋實現封閉式連接，
整列車形成了一個平滑的整體，
具有良好的氣動特性。

外風擋

車窗

裙板

外門

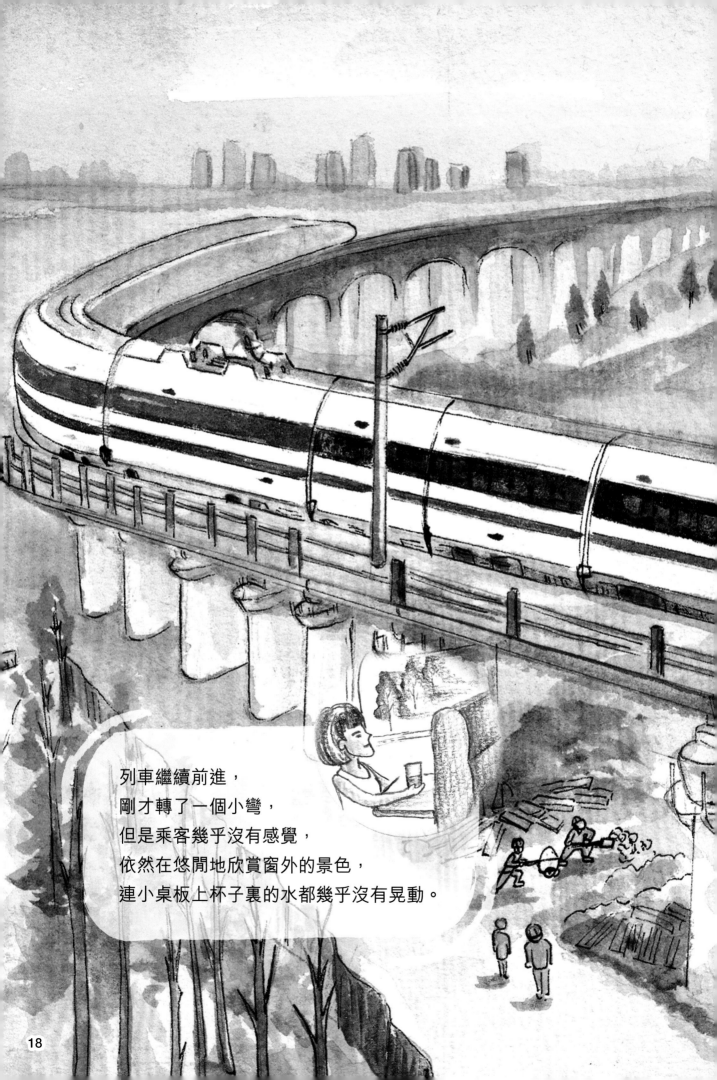

列車繼續前進，
剛才轉了一個小彎，
但是乘客幾乎沒有感覺，
依然在悠閒地欣賞窗外的景色，
連小桌板上杯子裏的水都幾乎沒有晃動。

轉向架

汽車轉彎的時候，
司機要轉動方向盤改變車輪的方向。
可是火車沒有方向盤，轉彎的時候怎麼辦呢？
這就要靠鐵路工程師對軌道的巧妙設計啦。
但是高速列車在直行和轉彎時都可以又快又穩地行駛，
那我們就不得不提高速列車的「飛毛腿」——轉向架。

轉向架

轉向架

轉向架安裝在車廂下面，所以平時我們很難看到它的全貌。
它太重要了，我們一定要好好認識它。

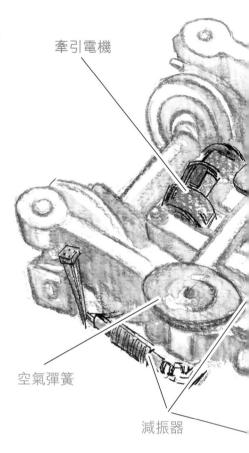

牽引電機

● 牽引電機：讓列車跑得快
牽引電機負責把電能轉化成驅動列車前進的力量。
裝有牽引電機的轉向架叫作「動力轉向架」，裝有
動力轉向架的車廂叫作「動車」。

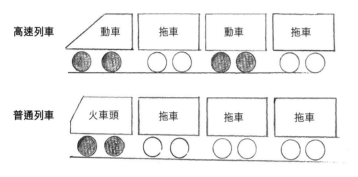

普通列車的組成部分基本可以分成火車頭和拖車，
牽引動力由火車頭來提供，火車頭的負擔很重，所
以火車行駛的速度非常有限。
現在，高速列車最常用的是「動力分散動車組」，
所有的動車都可以提供動力。整列車中的動車一齊
使勁向前跑，所以高速列車行駛的速度特別快！

空氣彈簧

減振器

● 減振設備：讓列車更安全、更舒適平穩
因為一些動力學的原因，車輪不會總是走直線，而
是一會兒往左偏，一會兒往右偏，所以列車並不是
一直沿着軌道的中軸線前進的。如果把列車的行進
軌跡畫出來的話，你就會發現畫出來的軌跡就像一
條蛇。因此，這樣的運動方式被稱為「蛇行運動」。

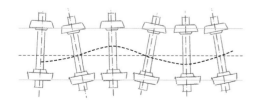

------------ 列車實際行駛軌跡
------------ 軌道的中軸線

 你知道嗎？

蛇行運動是一種正常現象，可是如
果蛇行運動太過明顯，車輪與鋼軌
的撞擊就會過猛，可能造成列車脫
軌或翻車，那就太危險啦！轉向架
上的各種彈簧和減振器可以避免列
車的蛇行運動過大，保護列車在軌
道上平穩奔跑，並極大地提高乘坐
舒適性！

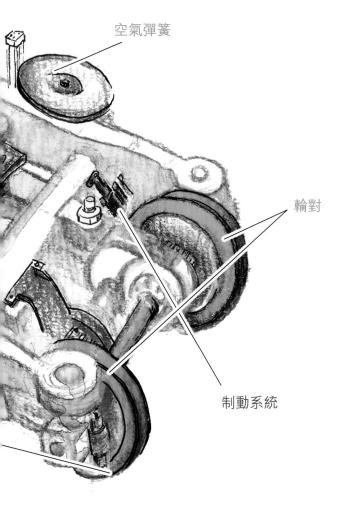

空氣彈簧

輪對

制動系統

- 輪對：列車的車輪

列車的車輪不是安裝在車廂上的，而是安裝在轉向架上的。簡單地說，轉向架就像一輛平板小推車，車廂就像箱子，將它們組裝在一起，小推車就可以帶着箱子一起移動啦。

彎道外側的鐵軌會略高於內側的，當列車轉彎時，軌道對車輪的支撐力和列車本身的重力會形成一種轉彎所需的向心力，向心力會幫助列車順利地通過彎道。這就像摩托車比賽中，騎手在轉彎時傾斜摩托車一樣。

錐形踏面

車輪與鋼軌接觸的錐形踏面有自動對中功能，它對蛇行運動也有一定的抑制作用

- 制動設備：「智能剎車」更平穩

轉向架上也安裝了用來剎車的制動系統部件。現在的高速列車的制動系統是智能的，它可以根據載客量進行制動力控制，在保證安全的前提下，使剎車和減速都盡量平穩，這樣乘客在乘坐時就舒服多啦。

離開保定東站之後，
列車兩側出現了廣袤的農田，
乘客透過車窗可以看到一派欣欣向榮的田園風光。
而在乘客看不到的車頂上方，
受電弓緊貼着高懸在空中的電線滑過，
為列車輸送電能。

動力來源

就像汽車行駛需要燃油作為動力來源一樣，
高速列車需要用電作為能源來提供動力。
車頂上裝載的受電弓就是負責
將鐵路接觸網的電能傳輸到列車上的裝置。

受電弓

北京時間 19 點 20 分，經過一路的風雨洗禮，
列車即將進入終點站——北京西站。
進出火車站的軌道好密集啊！
但是列車總能行進在正確的軌道上。
在列車出站前，轉轍機會帶動道岔轉換，
使列車行進至預定的軌道。

道岔

當軌道交叉的時候,
它們的交點就需要道岔來調節。
道岔兩個重要的組成部分是心軌和尖軌。
高速鐵路採用可動心軌道岔,
通過變換心軌和尖軌的不同位置,
可以「嚴絲合縫」地連通不同的線路,
保證列車平穩地行駛到正確的軌道上。

心軌

尖軌

心軌

尖軌

可動心軌道岔

供電系統和軌道

高速列車可以平穩快速地奔跑，除了依靠車輛的巧妙設計以外，還離不開強大的供電系統和高質量、高精度的軌道。

最早的老式火車

火車是在 200 多年前發明的，用燃煤煮水獲得的蒸汽作為動力。但是，火車可以裝載的煤和水是有限的，所以到了某個站點就要停下來加煤加水，這樣會浪費很多時間。

現代化的高速列車

現在的高速列車依靠電來提供能量，傳輸電能的鐵路接觸網覆蓋了所有的高鐵線路，始終陪伴着高速列車。這樣，列車在奔跑的時候可以隨時獲得電能。

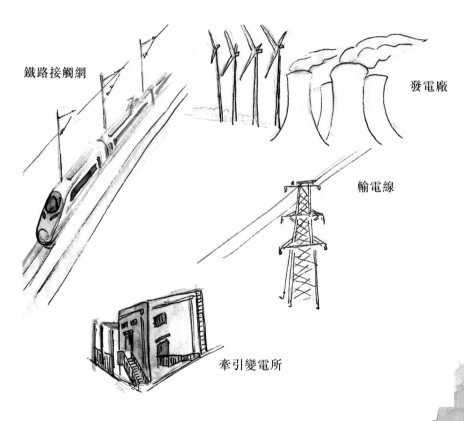

鐵路接觸網

發電廠

輸電線

牽引變電所

高速鐵路有一個完整的供電系統，發電廠發的電先經過輸電線輸送到鐵路專用的變電所，變電所像「施魔法」一樣使電發生變化（調節電的電壓），使它變得適合高速列車使用。隨後，電就會傳到鐵路接觸網，受電弓從鐵路接觸網上獲得電能。

砟（圖 zhǎ 圖 zog⁶）是小碎石的意思。普通鐵路大部分都是有砟軌道，也就是在鋪設鋼軌和軌枕前鋪上小碎石作為基礎，用這些小碎石來分散受力、減振、減少噪聲等。

有砟軌道

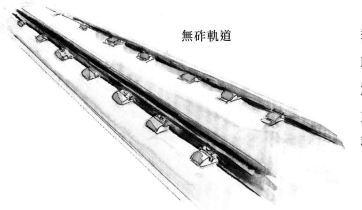

無砟軌道

我國的高速鐵路大部分採用無砟軌道。無砟軌道採用整體道牀結構，由混凝土軌道板、瀝青混合物等組合而成，有自重輕、耐久性好的特點，能保證高速列車行駛的平順性和穩定性。

？ 你知道嗎？ 軌道調測

因為高速鐵路對軌道的精度要求特別高，無砟軌道的每一塊軌道板都有專屬的「身份證」。在鋪設的時候，工人們要對軌道板進行精密調整，確保它們放在規定位置時無論在平面上還是高度上都嚴格符合要求，從而保障高速列車的行駛安全。

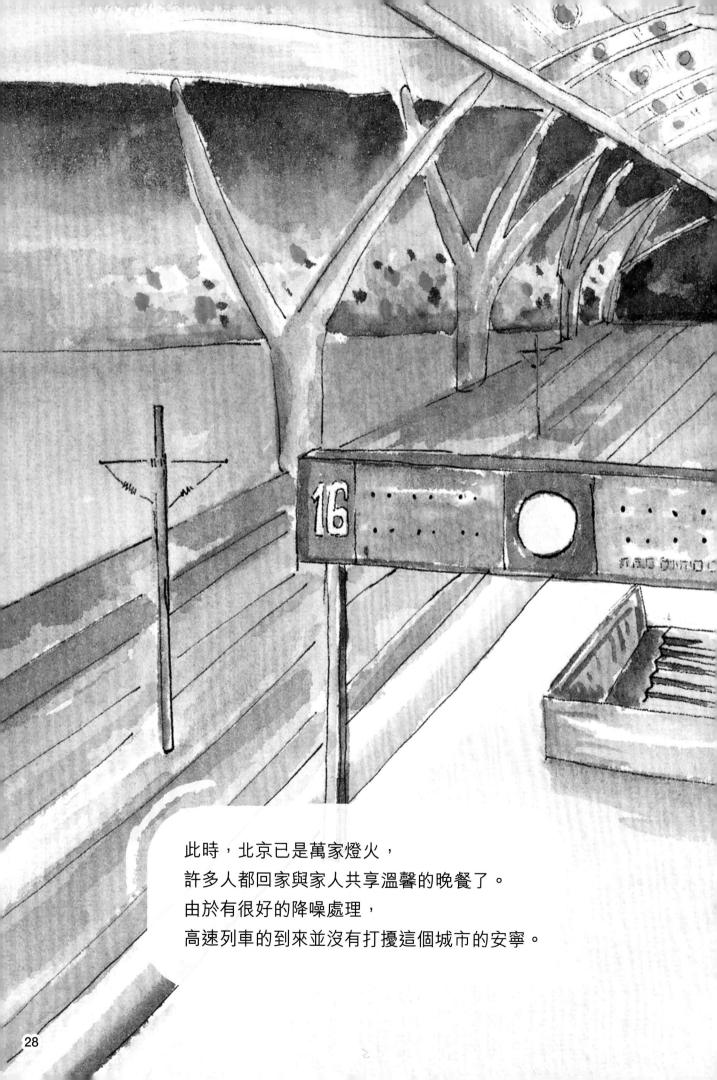

此時，北京已是萬家燈火，
許多人都回家與家人共享溫馨的晚餐了。
由於有很好的降噪處理，
高速列車的到來並沒有打擾這個城市的安寧。

聲屏障

高速鐵路有的路段外側有一堵「牆」，它就是聲屏障。
高速列車採取了許多降低噪聲的措施，但是在運行中難免
還是會發出聲響，
這就需要在外部採取措施。安裝聲屏障是最重要的措施之一。
聲屏障是由帶有許多密集小孔的吸聲板組成的，
列車發出的噪聲遇到吸聲板的時候，
很大一部分都會被吸收，
這樣噪聲就不會擴散出去、影響沿途的居民了。

吸聲板

乘客都下車了，
可是這趟高鐵旅程還沒有完全結束。
鐵路上與列車上的叔叔阿姨還有許多工作要做。
叔叔阿姨，你們辛苦了！

在列車運行的時候，司機為我們操控列車，乘務員為我們提供檢票和行李擺放等服務。

在晚上列車運行的間隙，鐵路系統的叔叔阿姨還有許多工作要做呢。這個時間段有個專門的術語，叫作「天窗期」。

利用這段時間，他們要對列車、軌道以及通訊信號等進行檢查與維修，及時保養，排除安全隱患。你看，為了保證我們平安、快捷出行，還有這麼多我們看不到的工作要做啊。當然，這些還遠不是鐵路系統工作人員的全部工作。

機械師在檢修車輛

信號檢測師在檢修信號設備

清潔工在清潔列車

軌道工人正在對軌道進行人工檢測

鋼軌探傷車也在進行軌道檢測

接觸網工與接觸網維修車正在合力進行接觸網的檢測與維修